Armin Täubner

Alles fliegt!

Fensterbilder aus Folie

frechverlag

Von dem bekannten Autor Armin Täubner sind im frechverlag zahlreiche weitere Bücher erschienen. Hier eine Auswahl:

TOPP 2130

TOPP 2189

TOPP 2217

TOPP 2129

TOPP 2096

TOPP 2112

Fotos: frechverlag GmbH + Co. Druck KG, 70499 Stuttgart; Fotos: Birgitt Gutermuth

Auflage:	5.	4.	3.	2.	1.	Letzte Zahlen
Jahr:	2001	2000	1999	98	97	maßgebend

frechverlag GmbH + Co. Druck KG, 70499 Stuttgart

ISBN 3-7724-2218-7 · Best.-Nr. 2218

Druck: frechverlag GmbH + Co. Druck KG, 70499 Stuttgart

„Schau mal, ein Flugzeug!" Ein Blick aus dem Fenster – und schon erhält der Traum vom Fliegen neue Nahrung. Ob Pelikane, Schmetterlinge, Drachen oder Heißluftballons – alles fliegt! Dank Herbstlaub, Schirm und Luftballons sogar die kleinen Mäuse, der Pinguin und der Teddy. Wann landet der erste Fallschirmspringer auf Ihrer Scheibe?

In diesem Buch finden Sie bunten Fensterschmuck aus selbsthaftender Fensterfolie rund ums Thema „Fliegen". Die ausgeschnittenen Teile werden vom Trägerkarton abgezogen, an die Scheibe gedrückt, glattgestrichen, und schon fliegt wieder etwas in der Luft. Hier können sich Kinder so richtig austoben, denn die Motive lassen sich beliebig miteinander kombinieren, problemlos abnehmen und neu anordnen.

Natürlich können Sie die Motive auch aus Tonkarton anfertigen. Dann sollten Sie sie aber gut befestigen, denn Sie wollen sicher keinen Sturzflug mit anschließender Bruchlandung riskieren.

Guten Flug und viel Spaß beim Basteln der farbenfrohen Flugobjekte wünscht Ihnen

Ihr

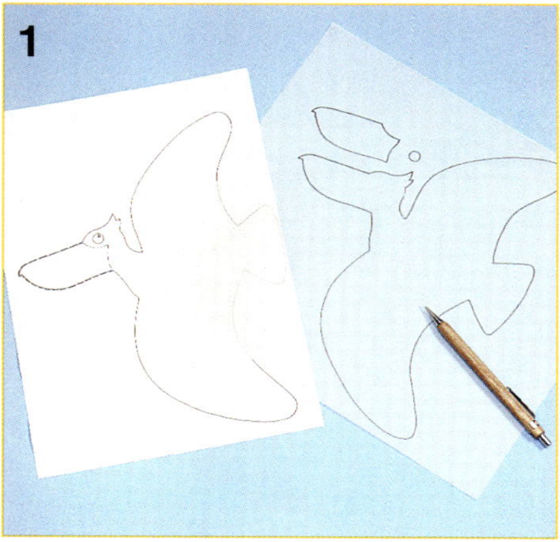

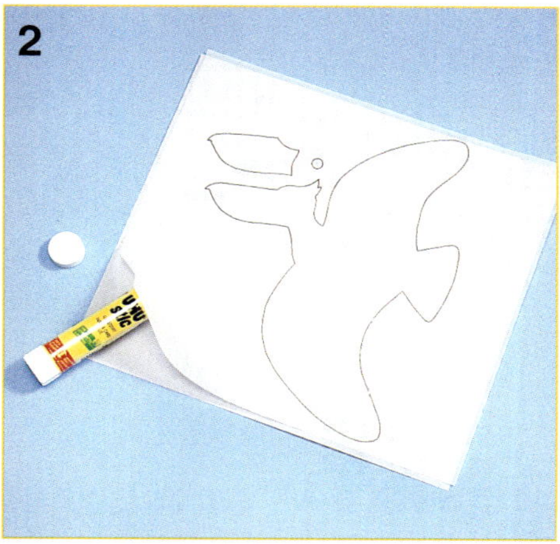

Schritt-für-Schritt-Anleitung

1. Übertragen Sie sämtliche Teile des ausgewählten Motivs vom Vorlagenbogen ohne Überschneidungen auf Transparentpapier.

2. Kleben Sie das Transparentpapier auf einen dünnen Karton.

3. Schneiden Sie die Teile mit Schere und/oder Cutter exakt aus. Wenn Sie mit dem Cutter arbeiten, müssen Sie eine geeignete Schneideunterlage verwenden.

4. Legen Sie diese Schablonen auf die Kartonrückseite der Fensterfolie in der gewünschten Farbe, und ziehen Sie die Umrisse mit einem Bleistift sorgfältig nach.
Im Handel gibt es transparente und nicht transparente Fensterfolie, die am Fenster unterschiedlich wirken. Probieren Sie doch einfach aus, welche Art Ihnen besser gefällt.

Hinweis:
Einige Schablonen müssen seitenverkehrt aufgelegt werden, damit das Motiv auf der Folienvorderseite seitenrichtig erscheint.

5. Nun werden die einzelnen Teile mit dem Cutter exakt ausgeschnitten.

6. Ziehen Sie die kleineren Folienteile, z. B. Auge und Schnabel, vom Karton ab. Diese Teile werden auf dem Hauptteil, hier dem Pelikan, angeordnet.
Mit einem schwarzen, wasserfesten Filzstift können noch Linien oder Punkte aufgemalt werden.
Erst danach ziehen Sie das vollständige Motiv vom Karton ab und streichen es vorsichtig am Fenster glatt. Kleine Luftbläschen sind übrigens auch bei sorgfältigem Glattstreichen unvermeidlich.

Die Folienmotive können jederzeit vom Fenster abgenommen und wieder angebracht werden. Aufbewahrt werden die Folienmotive entweder auf den Kartonteilen, von denen sie abgezogen wurden, oder sie werden einfach auf Klarsichthüllen geklebt.

4

5

6

Blütenbesucher

Befestigen Sie die weißen Flügel und das Auge samt Pupille auf dem Fliegenrumpf. Die schwarze Pupille können Sie auch mit einem schwarzen, wasserfesten Filzstift aufmalen. Für die Blütenstengel schneiden Sie 1 cm breite Folienstreifen in den gewünschten Längen aus. Setzen Sie erst die Blüte zusammen, bevor Sie die Blume am Fenster fixieren.

Zu zweit

Stanzen Sie das Innere der weißen Augen mit einer Lochzange aus. Die beiden weißen Ringe ordnen Sie zusammen mit dem roten Mund auf dem Kopf an. Sie können die schwarzen Pupillen natürlich auch aufmalen oder aus Folie ausschneiden.
Ziehen Sie nun den schwarzen Folienrumpf vom Karton ab, und legen Sie ihn auf das Flügelpaar.

Erst jetzt wird der Karton von der Rückseite der Flügel entfernt und der Schmetterling ans Fenster geklebt.

Gemeinsamer Ausflug

Ziehen Sie das Auge und die beiden Flügelteile vom Karton ab, und ordnen Sie sie auf der Libelle an. Die Pupille wird aufgemalt oder aufgeklebt. Erst danach wird der Karton auf der Libellenrückseite entfernt.

Auf leisen Schwingen durch die Nacht

Zuerst werden die schwarzen Pupillen vom Karton abgezogen und auf den gelben Augen plaziert. Anschließend können die Augen, der Schnabel und die weiße Brust-Bauchfläche abgezogen und auf dem braunen Eulenrumpf angeordnet werden.

Lautlose Jäger

In das schwarze Auge stanzen Sie mit einer Lochzange ein kleines Loch, bevor Sie es zusammen mit der weißen Ohrinnenfläche auf dem Fledermauskopf anordnen.

Geisterstunde

In jedes Auge wird mit der Lochzange ein kleines Loch gestanzt. Die Augen werden zusammen mit dem Mund auf dem Gespenst angeordnet. Mit einem schwarzen, wasserfesten Filzstift wird die Nase aufgemalt. Die Laterne auf dem gelben Licht fixieren.

Ziehen Sie die roten Folienteile vom Karton ab, und ordnen Sie die Teile auf dem grünen Drachenrumpf an.
Das Gesicht zeichnen Sie mit einem schwarzen, wasserfesten Filzstift auf.

Drachen unter sich

Drachenfestival

Die drei verschiedenen Drachenformen werden mit Punkten, Drei-, Vier- und Sechsecken verziert, bevor sie an der Fensterscheibe angeordnet werden. Zum Schluß bringen Sie die Drachenschwänze an.

Luftpost

Zeichnen Sie die Linien auf dem Briefumschlag mit einem schwarzen, wasserfesten Filzstift ein. Befestigen Sie das Herz auf dem Umschlag und die hellen Lichtreflexe auf den Luftballons. Dann plazieren Sie die Teile am Fenster.

Für die Ballonschnur jeweils einen 0,5 cm breiten und 17 cm langen Folienstreifen zuschneiden.

Ballonfahrer

Die Fesselballons werden verziert und an der Fensterscheibe angeordnet. Danach werden die Gondeln und die Passagiere angebracht.

Abschließend fixieren Sie die Gondeln mit dünnen Folienstreifen an den Ballons.

Teddy fliegt davon

Auf dem Bärenkörper bringen Sie zuerst den Schal an. Es folgen das weiße Schnauzenteil, die Nase und die Augen. Den Mund malen Sie mit einem schwarzen, wasserfesten Filzstift auf. Die Ballonschnüre bestehen aus 0,5 cm breiten und 23 cm langen Folienstreifen.

Vogelschar

Ziehen Sie Schnabel und Auge vom Karton ab, und fixieren Sie sie auf dem Vogel. Anschließend wird der komplette Vogel abgezogen und am Fenster angebracht.

Komm doch mit uns!

In das Pelikanauge stanzen Sie mit der Lochzange ein kleines Loch. Auge und Schnabel werden dann vom Karton abgezogen und auf dem Pelikan befestigt. Das rote Schnabelteil nicht vergessen. Mit einem schwarzen, wasserfesten Filzstift zeichnen Sie die Trennlinie zwischen den beiden Schnabelhälften auf.

Doppeldecker – fliegende Oldtimer

Die Flugzeuge werden am Fenster „zusammengeklebt". Ziehen Sie den Rumpf vom Karton ab. Von hinten bringen Sie die beiden Räder an. Dann fixieren Sie den Rumpf am Fenster. Nun können die Flügel, der Propeller und der Pilot samt Brille befestigt werden.

Fallschirmspringer

Zuerst kleben Sie den Fallschirm ans Fenster. Die sechs schwarzen Schnüre sind schmale Folienstreifen, 20 cm bis 24 cm lang und 0,5 cm breit.
Die Schnüre werden so angeordnet, daß sie sich dort, wo später der Frosch befestigt wird, treffen.

Diese Teile ordnen Sie nun auf dem Froschkörper an. Die Pupillen können Sie ebenso wie die Nasenlöcher mit einem schwarzen, wasserfesten Filzstift aufmalen.

Ziehen Sie die Augen, den Mund und den Gurt vom Karton ab.

Ziehen Sie den Frosch vom Karton ab, und plazieren Sie ihn unter dem Fallschirm.

Herbstlaub als Flughilfe

Nachdem Sie das Auge und die Ohrinnenfläche vom Karton abgezogen und auf dem braunen Mäusekörper angebracht haben, hält sich jede Maus an zwei Blättern fest und läßt sich vom Herbstwind durch die Luft tragen.

Wer ist der Schnellste?

Flugzeugspitze und Flügel werden vom Karton abgezogen und auf dem Flugzeugrumpf angeordnet. Danach werden auf den Köpfen von Hund und Hase die Brillen und die Nase bzw. die weiße Ohrinnenfläche plaziert. Nun können die Kartonrückseiten der Flugzeuge und der Piloten abgezogen werden.

Gespenstertreffen

Die Gespenster werden so gefertigt, wie auf Seite 11 beschrieben.

Schwebender Pinguin

Beim Regenschirm wird die gestrichelte Fläche doppelt ausgeschnitten, abgezogen und auf dem Schirm fixiert.

Auf dem schwarzen Pinguinkörper werden die roten, weißen und gelben Teile angeordnet.

Wettflug im Weltall

Ziehen Sie die Raketenspitze, die Flügel und die Zierstreifen vom Karton ab, und ordnen Sie sie auf der Rakete an.

Der gelbe Feuerstrahl wird am Fenster direkt hinter der Rakete befestigt.

Besuch vom Mars

Zuerst befestigen Sie das rote Raumschiff am Fenster. Ziehen Sie die Augen und den Mund vom Karton ab, und ordnen Sie die Teile auf dem Kopf des grünen Männchens an.
Die Pupillen können Sie ebenso wie die Nasenlöcher mit einem schwarzen, wasserfesten Filzstift aufmalen.

Nun wird das Männchen vom Karton abgezogen und bündig am oberen Rand des Raumschiffs angebracht.

Es folgen noch der schwarze Rand des Raumschiffs und die Hand bzw. die Hände des Männchens.

Fliegende Glücksbringer

Die schwarzen Punkte werden abgezogen und auf den roten Deckflügeln angeordnet, bevor die Deckflügel zusammen mit den weißen Flügeln auf dem schwarzen Käfer befestigt werden.

Himmelsboten

Die gelben Folienteile (Haare und Kleiderbesätze) werden zunächst vom Karton abgezogen und auf dem weißen Engelkörper angeordnet. Abschließend entfernen Sie den Karton auf der Rückseite des Engels.